"十三五"水体污染控制与治理科技重大专项重点图书

城市高品质饮用水技术指南

编制组　编著

U0376454

中国建筑工业出版社

图书在版编目（CIP）数据

城市高品质饮用水技术指南 / 编制组编著. — 北京：
中国建筑工业出版社，2022.9

"十三五"水体污染控制与治理科技重大专项重点图书

ISBN 978-7-112-27798-8

Ⅰ. ①城… Ⅱ. ①编… Ⅲ. ①饮用水－指南 Ⅳ.
①TU991.2-62

中国版本图书馆 CIP 数据核字（2022）第 154218 号

责任编辑：于　莉　杜　洁
责任校对：李美娜

"十三五"水体污染控制与治理科技重大专项重点图书

城市高品质饮用水技术指南
编制组　编著

*

中国建筑工业出版社出版、发行（北京海淀三里河路9号）
各地新华书店、建筑书店经销
北京红光制版公司制版
河北鹏润印刷有限公司印刷

*

开本：850毫米×1168毫米　1/32　印张：¾　字数：20千字
2022年9月第一版　　2022年9月第一次印刷
定价：**20.00**元
ISBN 978-7-112-27798-8
（39884）

"十三五"水体污染控制与治理科技重大专项重点图书

（饮用水安全保障主题成果）

编 委 会

审查专家：侯立安　王　浩　马　军　黄晓家
　　　　　　李树苑　陈　卫　王如华　宋兰合
　　　　　　魏忠庆

前　言

为增强人民群众获得感、幸福感与安全感，供水行业应立足新发展阶段、贯彻新发展理念、构建新发展格局、推动高质量发展，全面提升城市供水安全保障能力，实现饮用水的高品质供给。住房和城乡建设部水专项实施管理办公室组织编制了《城市高品质饮用水技术指南》（以下简称《指南》）。

《指南》适用于有制定更严格地方饮用水水质标准、提升龙头水水质需求的城市。《指南》以供水设施水质安全的持续保障和全流程水质管理为主线，聚焦于龙头水水质在卫生学、毒理学及感官性状方面的提升。《指南》包括总则、实施策略、多重屏障水质安全保障和全流程水质管理4个部分。

当前，上海、深圳相继出台了地方水质标准，苏州印发了《苏州市生活饮用水水质指标限值》，国内部分城市对饮用水水质提出了更高的发展要求。《指南》内容主要基于国家水体污染控制与治理科技重大专项（以下简称水专项）15年来的研发成果和应用示范，以及国内部分城市高品质供水的探索与实践经验，对于推动供水行业全面执行《生活饮用水卫生标准》GB 5749—2022及创新发展具有重要意义。

《指南》编制单位：住房和城乡建设部科技与产业化发展中心、深圳市水务（集团）有限公司、上海城市水资源开发利用国家工程中心有限公司、中国科学院生态环境研究中心、苏州市自来水有限公司、中国疾病预防控制中心环境所、北京自来水有限公司、北京市政工程设计研究总院有限公司、上海市供水调度监测中心、清华大学、同济大学、浙江大学。

《指南》由住房和城乡建设部水专项实施管理办公室负责管理，由编制组负责具体技术内容解释。

目　　次

1 总　　则

1.0.1　为指导城市饮用水品质提升，推进用户龙头水质持续稳定达到高品质饮用水要求，制定本指南。

1.0.2　本指南适用于推进高品质饮用水项目的规划设计、技术改造、运行管理和风险管控等工作。

1.0.3　本指南内容包括：总则（高品质饮用水内涵、实施途径、实施原则）、实施策略、多重屏障水质安全保障、全流程水质管理。

1.0.4　高品质饮用水是指在满足现行国家标准《生活饮用水卫生标准》GB 5749 的基础上，感官性状更好、水质化学安全性更高、能够持续稳定达到生饮要求的由市政公共供水系统所供给的饮用水。

1.0.5　各地可针对供水系统潜在水质风险和高品质饮用水水质目标，围绕感官性状、微生物及毒理指标 3 个方面，提高相关标准限值和管理要求。感官性状方面，主要提高影响感官的色度、浊度、嗅味、硬度及无机离子等指标限值和管理的要求，感官性状好；微生物指标方面，应提高龙头水水质达到现行国家标准《生活饮用水卫生标准》GB 5749 关于消毒剂余量及微生物指标的保障率，能够持续稳定满足生饮要求；毒理指标方面，针对部分存在风险的指标，应提高其限值要求，更安全。

1.0.6　实施原则

　　1　安全可靠：应着力打造安全韧性的城市现代化供水系统，对原水水质水量变化具有充足的应对能力，推行全过程水质风险管控体系，保障高品质饮用水的持续供给；应加强应急水源或备用水源的建设和综合应急保障能力的提升，在应急状态下，保障合格水的供给。

2 因地制宜：应根据当地水资源条件和供水系统现状，因地制宜地制定供水水质提升对策与方案。坚持问题导向、统筹兼顾、科学安排、分步实施。

3 绿色低碳：鼓励使用绿色低碳、集约高效的新技术、新工艺、新材料和新设备，促进供水系统的可持续发展。

4 智能管控：积极应用物联网、移动互联、大数据、云计算和人工智能等科技成果，通过促进信息技术与供水系统的深度融合，实现全流程智能化管控，提升水质安全管理水平。

5 信息公开：以实现高品质饮用水为抓手，进一步公开水质信息、提升用户体验、增强公众参与，提升人民群众的获得感、幸福感与安全感。

2 实 施 策 略

2.0.1 各地在推进高品质饮用水工作的过程中，可采取以下方式确定当地高品质饮用水水质目标：制定地方饮用水水质标准、参照国内其他先进的地方饮用水水质标准执行、制定当地供水部门的内控指标及管理办法。应建立原水水质保障、净水工艺提升、输配水质保持的饮用水多重屏障水质保障体系。

2.0.2 应强化源头风险控制，宜优先选择满足《地表水环境质量标准》GB 3838—2002 中规定的 II 类水体的水质要求、《地下水质量标准》GB/T 14848—2017 中规定的 III 类水质要求的水源。应建立原水监测预警系统，及时掌握水质变化情况，深水湖库或水位变化较大的江河宜采取分层取水、增加预处理等技术措施。

2.0.3 应提高净水工艺的安全裕度，以应对原水水质的变化，可采取强化常规处理、增加深度处理工艺、优化消毒等措施保障出厂水的稳定性，并为输配系统中的水质下降留出余量。

2.0.4 应提升输配系统对水质的稳定保持能力，通过更新改造、消毒、冲洗等措施改善输配系统内环境。

2.0.5 应将风险管控技术应用于净水生产输配全过程，通过对供水各环节的水质影响因素进行风险识别与评估，明确关键风险点并提出相应管控目标与措施。

2.0.6 应开展全流程精细化运行管理，对供水各环节实行水质预警控制，强化对供水设施及管理薄弱环节的管理，在生产及供应过程中充分考虑水质安全裕度，提升水质安全管理水平。

2.0.7 应将龙头水纳入水质监测范围，建立供水系统全流程水质监测体系，实现动态水质管理。宜针对关键风险点和重点关注项目开展专项监测，关注供水距离最远、水质超标风险高以及客户投诉频繁区域的情况，连续出现水质超标的区域应溯源并解决水质问题。

2.0.8 应构建智能化监控体系，应用机理模型、数据模型、应用数据分析、信息融合等技术，对供水全流程水质情况进行多维度的监测分析，充分利用智能手段降低水质安全风险。

2.0.9 应通过搭建多渠道沟通平台强化公众参与，引导用户建立与供水企业共同维护龙头水水质安全的理念；应及时公开水质信息，引导用户建立良好用水习惯，提升水质异常事件的处理效率，建立顺畅健康的用户关系。

3 多重屏障水质安全保障

3.1 原水水质保障

3.1.1 应加强水源取水口水质监测，建设水源水质监测与预警系统。有条件的地方应建设在线监测，并与实验室检测相结合。监测指标应根据水源特点和原水水质变化规律确定：河口感潮水源地应建立氯化物监测预报系统，避咸取水；湖库类水源地应加强藻类和藻源性嗅味物质监测；江河河网水源地应加强有机物、化学品等污染物监测。

3.1.2 应加强原水水质保障措施，对于存在水质问题的水源，宜采取预处理等措施，有条件的可建设水源生态净化系统。针对湖库型水源的藻类、嗅味等水质问题，可通过改善水力条件等措施抑制湖库内藻类生长，在原水取水或输配中可投加化学氧化剂削减藻细胞、投加粉末活性炭吸附嗅味物质。

3.1.3 应加强区域联防联动工作，建立上下游跨单位、跨部门、跨行政区域的水质监测预警机制，制定区域上下游应急响应与联动调度预案，共同加强水源地保护。

3.1.4 具备两个及两个以上水源地的多水源城市，在水源调度中应充分考虑水质因素，建立多水源联合调度系统。

3.1.5 单一水源供水城市应建设应急水源或者备用水源，并具备与常用水源热备用和快速切换的能力。

3.2 净水工艺提升

3.2.1 净水工艺宜考虑未来一定时期内水质提升的需求，具有适度前瞻性。

3.2.2 应充分发挥常规工艺的净水能力，通过强化运行管理、技术改造等措施提升常规工艺的出水水质，并设置粉末活性炭、高锰酸钾等投加装置，以具备强化常规处理的能力。对于仅有常规净水工艺的水厂，出厂水浊度不大于 0.3NTU 的频率应不小于 95％。

3.2.3 采用深度处理工艺的水厂，宜优先选用"臭氧-生物活性炭"工艺；当对微量有机物有更高水质要求或采用臭氧-生物活性炭工艺不能有效去除无机离子时，可根据水质条件采用催化氧化或纳滤膜工艺；当对微生物指标有更高要求时，可在臭氧-生物活性炭工艺之后增设超滤膜工艺。

3.2.4 当原水中存在大量剑水蚤等微型动物时，采用臭氧-生物活性炭工艺应重点考虑其过度滋生而可能导致生物泄漏的问题。新建项目宜选择砂滤池后置的上向流颗粒活性炭工艺，或在后置式臭氧-生物活性炭工艺的颗粒活性炭层底部设置厚度不低于 500mm、粒径（d_{10}）为 0.6～0.9mm、K_{80} 小于或等于 1.4 的石英砂垫层；已建的后置式臭氧-生物活性炭工艺应具备对炭池消杀及投加 1～3mg/L 有效氯反冲洗的条件，并在炭池出水处加装微型动物拦截装置，拦截网孔目数不应低于 200 目。

3.2.5 出厂水宜采用氯消毒（包括游离氯消毒或氯胺消毒，药剂可采用液氯、次氯酸钠、液氨等）或二氧化氯消毒（包括采用纯二氧化氯发生器或复合二氧化氯发生器）。消毒应确保消毒剂余量、接触时间、微生物和消毒副产物指标满足现行国家标准《生活饮用水卫生标准》GB 5749 和地方标准的相关要求。

3.2.6 水厂应合理选择消毒方式尽可能降低消毒副产物生成水平，可采用深度处理去除消毒副产物前体物、等量多点加氯、减少预加氯量、联合消毒、消毒过程水力条件改善等技术措施。

3.2.7 采用紫外线消毒作为主消毒工艺时，应设置在清水池之前，紫外线有效剂量不应低于 40mJ/cm^2，其后仍必须设置氯（或氯胺消毒或二氧化氯）消毒设施，以满足对末梢水对消毒剂余量的要求。

3.2.8 水厂应设在线消毒剂余量监测装置；为改善出水口感和降低消毒剂嗅味，出厂水消毒剂余量宜设置合理上限。

3.2.9 水源水铁、锰浓度偏高时，应优先考虑采用预氧化及强化常规工艺。

3.2.10 如水源因季节性藻类暴发导致嗅味物质超标，可采用粉末活性炭吸附、化学预氧化结合强化常规工艺的技术措施实现水质达标，粉末活性炭的投加点应远离预氧化剂投加点，预氧化时应避免过度氧化使藻体破裂所导致的藻毒素、致嗅物质过多释放；也可通过增加深度处理工艺控制嗅味风险。供水企业应根据本地水源和水厂设施能力，制定藻类暴发导致嗅味物质超标风险时的技术措施和工艺参数。

3.2.11 当出厂水存在贾第鞭毛虫、隐孢子虫等病原微生物风险时，宜尽量降低消毒前浊度、采用紫外线与含氯消毒剂联合消毒和增加微滤或超滤膜处理工艺。

3.2.12 当原水中微型动物密度超过 10 个/L、活体率达到 50% 以上且在工艺段出现微型动物穿透风险时，可投加液氯、次氯酸钠、液氨等药剂进行灭活后，通过混凝沉淀和过滤工艺去除，采用预臭氧工艺的水厂应与氯系、液氨等有持续性杀灭能力的预氧化药剂交替使用。

3.2.13 基于饮用水中应适当保留矿物质元素的营养学观点，采用膜技术时应注意保留一定量钙、镁等人体必需的无机成分，不宜全部水量采用反渗透处理工艺。

3.2.14 应加强对水厂排泥水回用的控制，做好回用于主流程前的预处理及相关监测工作，以避免产生重金属、嗅味物质或原生动物富集的问题；在水源出现阶段性污染与疫情期间，应停止排泥水回用。

3.3 输配水质保持

3.3.1 宜结合管网水力模型计算，合理设置调蓄调压设施，优化管径和管网布局，市政管网末梢水龄平均不宜超过 48h；对于水龄偏长的末梢地区，供水企业应采取水质风险防范措施。

3.3.2 应加强市政管网的检测评估与清洗维护，重点关注居民投诉较多的区域市政管网。对于水质问题频发的管段，可进行管道冲洗；对于锈蚀严重、存在漏点、管网布局不合理、超期服役管道、淘汰管材、隐患管道等情况，应进行管道修复或更新。

3.3.3 管网更新改造应选用防腐性能好、不产生二次污染的优质管材、管配件，采用安全可靠的接口方式，应对附属设施进行同步改造，且选用的管配件使用寿命应与管道寿命基本一致。

3.3.4 管网消毒剂余量控制应以龙头水达到现行国家标准《生活饮用水卫生标准》GB 5749 对消毒剂余量和微生物指标的要求为目标。在市政供水接入用水区总管处的消毒剂余量，应为在二次供水系统和小区内部管道中消毒剂余量的进一步衰减留出冗余量。

3.3.5 龙头水的消毒剂余量应满足现行国家标准《生活饮用水卫生标准》GB 5749 的要求。宜通过水厂、管网前后端联动控制优化消毒，在保证管网末梢区域用户龙头水消毒剂余量达标的前提下，尽量降低出厂水消毒剂余量，改善饮用水口感。可构建管网消毒剂余量控制模型、优化消毒剂余量分布，有中途加压泵站的地区，宜设置补氯装置。

3.3.6 二次供水设施进水管宜从居住小区给水干管或市政配水管单独引入，进水管应按照现行国家标准《建筑给水排水设计标准》GB 50015 的规定采取防回流污染措施。

3.3.7 应根据卫生安全、经济节能的原则选用二次供水的贮水调节和加压供水方式。在不影响市政供水管网正常供水的区域，应经当地供水管理部门或供水企业审核认可后，优先采用从市政管网直接供水的二次供水方式；对市政供水管网供水水压和（或）水量不能持续稳定满足用户需求的区域，宜采用"低位水箱（池）＋变频水泵"二次供水系统。有条件的地区，可采取区域联合二次供水模式。二次供水的水箱（池）内贮水更新时间不宜超过 24h。

3.3.8 生活用水给水系统（水箱（池）、泵房等）与室内消防给水系统应分开设置，独立供水、单独计量。

3.3.9 居民小区室外埋地管道，当管径公称尺寸大于或等于100mm时，应优先采用球墨铸铁管；当管径公称尺寸小于100mm时，应优先采用食品级覆塑 S31603 不锈钢管。当埋地管采用食品级覆塑不锈钢管时，在埋地管道进墙管外侧宜设置不锈钢波纹管软接头。室外明设及室内管道应优先采用食品级 S30408 或耐腐蚀性能更优的不锈钢管；室内嵌墙敷设管道应优先采用食品级覆塑 S30408 不锈钢管或耐腐蚀性能更优的不锈钢管。

3.3.10 管道、附件及连接方式应根据不同管材确定，并应符合国家现行有关标准的规定，连接方式不得存在影响水质的安全隐患，不同的管材、管件连接时，应采用专用的转换连接件或法兰连接。

3.3.11 应根据管径、承受压力及安装环境等，采用水力条件好、关闭灵活、耐腐蚀性强、寿命长的阀门，宜采用不锈钢、球墨铸铁或铜材质。

3.3.12 二次供水水箱（池）、压力水容器及配件宜采用不低于食品级 S31603 或耐腐蚀性能更优的不锈钢材料。焊材应与母材型号相对应，且焊缝应做抗氧化处理；水箱（池）及连接部件、配件等应由厂家制作，现场安装时应采用标准配件连接，不得进行现场焊接。

3.3.13 水箱（池）应设置在维护方便、通风良好、保温性好的房间内；水箱（池）总容积较大时，宜按多格设置并能各自独立工作；水箱（池）与污染源、污染物的距离应符合现行国家标准《建筑给水排水设计标准》GB 50015、《二次供水设施卫生规范》GB 17051 等规定；水箱（池）进、出水管上应安装电动阀，水箱（池）应设置水位监控和溢流报警装置，并输出至自控系统；当水箱（池）利用城镇给水管网压力直接进水时，进水管水位控制阀前宜设放空管。

3.3.14 二次供水水泵全部过流部件应采用耐腐蚀性能不低于 S30408 的不锈钢材料；底座可选用不锈钢、铸铁等材料。选用不锈钢时应使用 S30408 及以上材质。阀门宜选用软密封闸阀或球阀，材质应选用球墨铸铁、不锈钢或铜。

3.3.15 二次供水泵房应设置自控系统、门禁控制系统、视频监控系统，并宜设置水质监测系统等，宜集成在二次供水智慧化管理平台上。

3.3.16 管网末梢、水质风险较大区域的二次供水设施，有条件时可设置消毒剂余量等水质在线监测仪表。

3.3.17 二次供水设施出水消毒剂余量宜持续稳定地保持在冬季 0.10mg/L、夏季 0.15mg/L 以上。当二次供水设施出水的消毒剂余量不能满足用户龙头水消毒剂余量不低于 0.05mg/L 的要求时，应采取二次供水补氯措施。

3.3.18 对于采用紫外线补充消毒的二次供水系统，用户龙头水仍应满足现行国家标准《生活饮用水卫生标准》GB 5749 对剩余消毒剂浓度的要求。

3.3.19 对于二次供水系统采用的紫外线消毒设备，应设置紫外线灯管开灯累计计时器或紫外线强度在线检测仪，紫外线灯管的开机累计时数应不大于灯管的额定寿命，在峰值流量和紫外线灯管运行寿命终点时，紫外线照射的有效剂量应不低于 $40mJ/cm^2$。

4 全流程水质管理

4.1 水质风险管控

4.1.1 为保障龙头水水质持续稳定地满足生饮需求，应建立包括取水、净水、输配及二次供水等各供水环节的全过程水质风险管控体系，风险管控体系主要包括风险识别、风险评估与风险控制三个步骤。

4.1.2 在开展水质风险识别步骤时，应对供水系统进行全面考察，详细梳理、归纳和分析制水工艺流程、制水药剂成分、设备参数、输配管网危害等方面信息，识别供水各环节可能出现的水质风险，并建立风险清单。

4.1.3 宜从风险发生的可能性和后果的严重性两个维度对水质风险进行分级、赋值和评估，并通过风险矩阵法最终实现水质风险的量化和风险等级的确定。

4.1.4 应针对水质风险建立对应的控制措施，不同等级的水质风险，应给予不同程度的关注，对于高等级的水质风险，必须尽快采取控制措施阻止其发生。

4.1.5 应将风险等级高的工艺环节设定为关键控制点，以确保严重的水质风险事件能得到更多关注和有效控制。关键控制点应明确关键指标限值和监测方法，并制定详细的控制措施，当监测结果偏离关键限值时，立即采取控制措施。

4.1.6 应建立风险管控计划并保持定期更新和修订。当某个关键控制点的监测结果反复偏离关键指标限值时，应重新评估控制措施的有效性和适宜性，及时予以改进。

4.1.7 水质风险管控工作应由独立团队完成，团队应由供水单位管理层、技术层和操作层相关人员组成，必要时可邀请当地供水主管部门和行业专家参与。

4.1.8 水质风险管控工作可在现有水质管理体系的基础上开展，并做好记录和档案管理，确保其有效性和可追溯性。

4.1.9 供水单位应定期开展水质风险评估，评估周期不应大于3年。当水源水质、净水工艺、出厂水水质等发生重大变化时，应及时进行再评估。

4.2 精细化运行管理

4.2.1 供水企业应严格执行现行行业标准《城镇供水厂运行、维护及安全技术规程》CJJ 58 及《城镇供水管网运行、维护及安全技术规程》CJJ 207 中的运行管理要求。

4.2.2 应强化供水全流程水质过程管理，在各供水环节实行水质预警控制，在高品质饮用水供应的前端、中端等中间过程充分考虑水质安全裕度。

4.2.3 强化常规工艺的沉后水浊度不宜高于1NTU，砂滤后浊度应稳定控制在0.2NTU以下；采用臭氧-生物活性炭处理工艺的水厂，后置式颗粒活性炭吸附池的出水浊度应稳定控制在0.2NTU以下；采用超滤膜工艺的水厂，膜出水浊度应低于0.1NTU。

4.2.4 活性炭滤池的新装滤料宜选用净水用煤质颗粒活性炭，性能应满足现行国家标准《煤质颗粒活性炭净化水用煤质颗粒活性炭》GB/T 7701.2 的规定和设计要求。活性炭滤料装填后应经过充分浸泡、反冲后方可投入试运行，运行前应监测反冲洗末期排水水质，重点关注反冲洗排水浊度。颗粒活性炭吸附池在运行中出现出水 pH 明显下降时，可通过砂滤后补加氢氧化钠或炭滤后补加饱和石灰水上清液等措施提高出水 pH。

4.2.5 应定期对颗粒活性炭滤料进行抽样检测，投入运行的前3年，检测频率不宜低于2次/年，之后的检测频率不宜低于1次/年，检测项目包括碘吸附值、亚甲蓝吸附值、单宁酸值、强度、粒径分布等。各地应结合生产运行经验，制定颗粒活性炭失效判定标准及补炭、换炭的技术要求。炭层高度下降至设计值的

90%～95%时，应进行补炭；对目标污染物的去除效果达不到要求时应进行换炭或再生；换炭时宜按不超过颗粒活性炭吸附池格数15%的比例分批进行更换；下向流炭池颗粒活性炭均匀系数大于3.5，且粒度小于0.7mm的比例大于35%时宜换炭。

4.2.6 颗粒活性炭吸附池出水的微型动物密度宜低于1个/20L。存在微型动物泄漏风险的水厂，应在颗粒活性炭吸附池出水总管处设置微型动物密度监测点，繁殖高峰期宜对每格炭池出水挂网监测，拦截网孔目数不宜低于200目。当微型动物密度大于1个/20L时，应适当提高反冲洗强度和频率，必要时采用含氯水进行反冲洗。拦截装置宜每周清洗一次，生物繁殖高峰期应增加清洗频次。

4.2.7 超滤系统进水泵机组应平缓启动或关闭，膜组块应分组投入或退出。

4.2.8 膜组件在运行过程中应按照现行行业标准《城镇给水膜处理技术规程》CJJ/T 251的要求进行完整性检测，检测频率为1次/天。当某个膜组（膜池）出水浊度或整个处理系统出水颗粒数大于规定值时应立刻停止运行，并进行完整性检测。应密切关注膜污染情况，重视化学清洗中产生的污染问题，经化学清洗后膜通量仍不能达到要求或膜组件的膜丝破损比例大于膜组件供应商规定的比例时应更换膜组件。

4.2.9 应制定管网及附属设施巡检制度，针对管网水质风险较高的区域或极端天气等特殊情况，应增设临时巡检或特殊巡检制度，配备专人巡检。

4.2.10 应建立新建管清洗消毒制度、在役管网三定（定地点、定周期、定水质要求）冲洗制度、管网末梢水排放制度和管道维修抢修冲洗制度等管网水质管理制度。

4.2.11 应根据水质跟踪检测结果、水质投诉情况、周边管网在线水质检测数据等信息，定期对管网末梢及水质风险点进行放水，每半年不宜少于一次。

4.2.12 应根据水质跟踪检测结果、水质投诉情况、周边管网在线水质检测数据等信息，制定供水管道冲洗方案。常规水力冲洗时流速应大于 1.2m/s；管材老旧、黄水投诉多发、暂不具备管网改造条件的区域可采用气水脉冲、冰浆冲洗等冲洗方式。

4.2.13 水源切换前、停水作业后应充分评估管网水质变化，做好管网水质安全保障预案。

4.2.14 应建立健全管网及附属设施、二次供水设施的维护、抢修联动机制，不断完善相关应急预案。

4.2.15 管网抢修过程中应采取措施防止泥沙或污染物进入管道；抢修结束后应仔细检查管道内部，并按要求进行冲洗，直至浊度小于 0.7～0.8NTU 后方可恢复供水。

4.2.16 在线水质、压力、流量计量（含大口径水表）等仪表应根据产品要求定期维保，所有在线仪表应建立定期校正的制度，并严格执行校正记录。

4.2.17 供水设施更新改造和维修项目应编制实施计划和施工方案，相关方案应经供水企业批准后实施。

4.2.18 二次供水设施的运行、维护与管理应交付专业机构和人员，宜实施专业化管理。管理机构应制定泵房定期巡检、水质管理、水池（箱）定期清洗消毒、设备分级维保等管理制度。

4.2.19 二次供水设施运行管理人员应具备相应的专业技能，熟悉设施设备的技术性能和运行要求，并应持有健康证明。

4.2.20 二次供水设施运行管理人员必须严格按照操作规程进行操作，应按制度规定对设备的运行情况及相关仪表、阀门进行日常检查，并做好运行和维修记录。

4.2.21 当小区入住率和用水量低时，应注意降低水龄、保证水质。采用水箱（池）变频调速与市政叠压联合供水模式的小区可切换叠压模式运行；低位水箱（池）和变频调速泵二次供水模式的小区，应降低水箱的最高设定液位。

4.2.22 应定期对二次供水泵房的集水井、排水沟进行清洁与消毒，对于设置气压罐的泵房，应定期检查并排空存水。

4.2.23 二次供水设施的水箱（池）清洗消毒和水质检测的要求

与频次应符合现行国家标准《二次供水设施卫生规范》GB 17051和当地对二次供水设施的管理规定。

4.2.24 二次供水泵房应保持清洁、通风、干燥的状态，并确保设备运行环境处于符合规定的湿度和温度范围。

4.3 水质监测及管理

4.3.1 水质监测范围包含原水、出厂水、管网水、管网末梢水、二次供水，并将监测范围延伸至用户龙头处。水质监测指标应满足国家及地方水质标准中关于检验指标及检测频率等要求，宜增加出厂水pH、铝的监控，并针对用户龙头水制定水质监测方案，纳入日常水质管理。

4.3.2 应在水源地取水口、水厂工艺过程、供水管网、二次供水设施等影响供水安全的关键环节设置水质在线监测点和移动监测点，实时掌握水质变化情况。

4.3.3 主要水源地取水口水质在线监测指标选择应依据水源水质特征和风险类型确定；水厂工艺过程水质在线监测点应配置在预处理、沉淀、过滤、深度处理、消毒等关键控制点位，并根据运行条件和管控要求选择水质在线监测指标；市政供水管网水质在线监测点位置选择应综合考虑供水面积、服务人口、管网长度等因素，宜设置在供水分界线、流速较低、水龄较长、管网末梢、低压区、重点保障用户等区域；二次供水设施水质在线监测应按照供水规模、在管网中所处的位置、水质风险程度、影响范围、设备设施状况等要求进行分级管理。

4.3.4 当供水服务区人口20万～100万人时，应根据管网结构布设10～50个采样点，将供水距离最远和水质风险高的位置作为重点监测区酌情增加监测点位和频次。供水服务区人口在100万人以上、20万人以下时可酌量增、减采样点。

4.3.5 龙头水人工监测采样点宜区分水质代表性监测点和水质风险控制监测点。其中，水质代表性监测点应在供水服务区内分散设置，能够代表该片区用户龙头水普遍水质状况；水质风险控制监测点应综合考虑管网分布、水力流向、服务人口、点位均布和水质影响程度等因素可能导致区域水质风险高的位置进行设置。

4.3.6 为保障用户龙头水质持续稳定达到高品质水要求，应重点根据历史数据、原水切换、季节性变化、工艺和管网特点，梳理全过程水质风险指标或特征污染物，针对年数据均值加上 2 倍标准差超过预警线的指标开展跟踪监测。

4.3.7 应加强对水质异常事件的数据分析与溯源纠偏，历史水质事件应定期评估和反馈，以支撑水质风险管理体系的优化。

4.3.8 所有涉水材料应符合现行国家标准《生活饮用水输配水设备及防护材料的安全性评价标准》GB/T 17219 的要求。

4.4 水质安全智能化监控

4.4.1 供水企业应推进水务物联网建设，实现水质监测全网感知、可视可控、全流程异常事件的实时监测和闭环处置。

4.4.2 供水企业宜建立水源、水厂、管网和服务全流程智慧水务保障体系，实现对供水生产全过程、管网运行及客户服务的综合调度、统筹与管控。

4.4.3 水厂应建设完善的 SCADA 监控系统，实现水厂设备及附属仪表、传感器的数据采集和集中控制功能，并可实现多座水厂的远程集中控制。有条件的供水企业宜建立水厂数字孪生运营平台，实现水厂数字化管理，达到生产信息全感知、水厂数据全互通、水质管控可追溯。

4.4.4 水厂各工艺单元应实现高可靠自动化控制，自动化程度可量化评估，各工艺单元生产运行可全自动闭环自调整。水厂宜引入智能算法和模型，实现生产运行智能化、生产故障自诊断、生产运营自调配，能对运营管理提供辅助决策支持，水质管理更智能。

4.4.5 应建立供水管网水力模型，模型建设应包括管网模型拓扑构建、节点水量分配、管网模型参数校核、模型应用与更新维护等；宜建立供水管网在线供水管网水质模型，对管网水质进行实时模拟和预测、在发生水质污染事件时进行溯源与扩散分析。可在管网上设置远程控制阀门，实现对关键阀门的智能控制，加强管网水质管控。

4.4.6 宜利用 GIS 系统和供水管网水力模型等信息化手段进行供水管网水质现状评估，并对供水区域进行水质风险等级划分。

4.4.7 应对与水质相关的数据进行数据治理，以保证数据的完整性、准确性，提高数据质量，为水质提升奠定数据基础。

4.4.8 应分析水质监测数据，采用数学模型等工具研判水质风险指标或特征污染物的时空变化趋势，及时预判或发现水质异常，为工艺参数调整提供支撑、为应急响应提供决策依据。

4.4.9 应建立数据异常报警处理机制，宜明确报警规则、处置流程和处置要求等，通过实时数据分析对水质事故、爆管事件等进行快速识别与处置。

4.4.10 新建或改建的二次供水项目应满足智能化监测与控制要求，应实现二次供水项目的远程集中控制功能，应满足无人值守的运行控制要求，且应满足供水企业业务信息化管理平台的系统监测、预警需求，实现远端采集数据、设备管理、运行监测、故障报修、辅助决策、维护保养管理等功能。

4.5 龙头水水质保障导向的服务升级

4.5.1 供水企业应构建全面、系统的供水服务体系，可采用供水热线、市民热线、标准化营业厅、一网通办供水服务等多种形式，提供优质、高效、精准的供水服务，实现 24×365 全天候服务，客户满意率不低于 95%。

4.5.2 供水企业应及时公开供水水质信息，水质信息应包括出厂水和管网水质监测点的水质，有条件的地区鼓励公开水质在线监测的实时水质信息。水质信息可通过供水企业官网、手机应用程序等途径发布。水质信息公开的详细程度和及时性应纳入对供水企业信息公开工作的考评内容。

4.5.3 供水企业应编制《用户安全用水指南》，用以指导用户建立科学用水习惯、正确维护保养家庭用水设施、合理选择家庭装修涉水材料、普及水质异常时的正确操作、应急情况下安全用水方法及节约用水等知识。

4.5.4 在发生影响龙头水水量、水质事件时，供水企业应在第一时间通过多种渠道公告用户，说明事件原因并及时发布处理处置进展。非计划停水 6h 以上时，应采取水车送水等临时供水措施。

4.5.5 供水企业应快速响应用户关于供水问题的疑惑和投诉，抢修响应时限宜控制在 1h。针对水质投诉应取样检测，检测结果须及时反馈用户，用户对检测结果仍有疑义的，宜重新取样或送第三方机构检测。供水企业应建立水质异常投诉事件溯源机制，分析掌握每次水质事件的真实原因，并结合水质风险识别与评估工作，完善全过程质量管控体系。

4.5.6 供水行政主管部门和公共供水企业可组织或委托第三方专业机构，对供水企业的水质状况、服务情况、用户需求等方面开展满意度测评，作为供水企业服务质量评价和改进的依据。

4.5.7 供水企业应以自来水最安全、最公平、最可信为目标，通过公众号、科普文章、宣传视频、公众讲座、居民互动等途径和方式开展供水科普宣传，提升用户对自来水安全的信任度、对自来水品质的认可度，引导用户对自来水生饮的认同感。